前　言

当前，我国蔬菜种植面积很大，设施种类多样，种植茬次较多，但存在重茬次数增加、农药和化肥使用不规范的现象，导致生产中出现的病虫害种类增多、危害加重、症状复杂。虽然菜农对病虫害的防治意识普遍增强，但是由于缺乏诊断知识，只能机械地对照图谱并结合经验识别病虫害，误诊率很高，导致防治时不能对症下药。在这种情况下，菜农只能用随意混合、加大药量等方法来奢求达到较好的防治效果。其结果往往是错过了最佳防治时期，疗效较差，严重时防治失败，越治越重，并且浪费药剂，甚至引发药害和肥害。为此，笔者依据多年深入田间地头积累的工作经验，以及高校先进的试验分析设备，用田间实拍的典型症状图片和实用有效的防治药剂和配方，对辣椒 61 种病虫害的诊治方法加以阐述，力求达到让读者看得懂、学得会、用得上的目的。

由于编写时间有限，书中存在不当之处，敬请读者批评指正。

编著者

目 录

前 言

一、侵染性病害

（一）真菌性病害

1 白斑病（*Stemphylium lycopersici*）

白斑病，别名斑点病。病菌随病残体在土壤中或在种子上越冬，通过风雨传播。温暖潮湿、阴雨天及结露持续时间长等环境利于发病。防治方法：增施有机肥及磷钾肥；清除病残体，集中烧毁。喷雾药剂有：30％碱式硫酸铜 SC400倍液、50％琥胶肥酸铜 WP500倍液、14 ％络氨铜 AS400 倍液、77％可杀得WP600倍液等。

植株中下部叶片易发病

病叶上出现小型白色圆斑

❷ 猝倒病（*Pythium* sp.）

猝倒病属于苗期低温土传病害，发病适宜地温为 10~16℃。防治方法：避免低温和高湿环境，切忌大水漫灌；营养土用 50％多菌灵 WP、50％福美双 WP 消毒；温汤浸种或药剂浸种。苗床喷雾药剂有：25％甲霜灵 WP800 倍液、15％噁霉灵 AS1000 倍液、72.2％霜霉威盐酸盐 AS600 倍液、64％杀毒矾

刚出土幼苗染病后倒伏

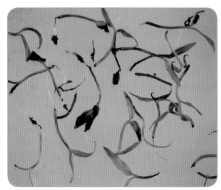

被侵染的幼苗基部缢缩

WP500 倍液、70％敌克松 WP800 倍液、40％霜脲氰 WP1000 倍液、19.8％噁霉・乙蒜素 WP1500 倍液、70％代森锰锌 WP500 倍液、70％丙森锌 WP500 倍液、69％安克・锰锌 WP1000 倍液、72％霜脲・锰锌 WP600 倍液等。配方如 72.2％霜霉威盐酸盐 AS600 倍液 +30％瑞苗清（成分：甲霜灵 + 噁霉灵）AS1500 倍液，用量为 2~3L/m²。

受害的子叶期幼苗根系腐烂

稍大受害幼苗茎基部变褐并缢缩

③ 斑枯病 (*Septoria lycopersici*)

病菌随病残体在土中越冬，借雨水溅射、灌溉水传播，辣椒接近地面的叶片易发病，农事操作也可传菌。发病适温为22~26℃，适宜的相对湿度为92%~94%。高温、干燥则使病害发展受抑制。防治方法：种子消毒；与非茄科作物实行3年以上轮作；清除田间病株及残体。发病初期喷雾，药剂有：

发病初期叶面出现褪绿斑点　　　　　　　　　发病初期叶背出现水浸状圆斑

25%咪鲜胺EC1000倍液、40%嘧霉胺SC1000倍液、65.5%霜霉威AS600倍液、72.2%霜脲·锰锌WP600倍液、10%苯醚甲环唑WG800倍液、25%嘧菌酯SC1200倍液、3%中生菌素WP2000倍液、50%扑海因WP1000倍液、40%氟硅唑EC8000倍液、12.5%烯唑醇WP2000倍液等。设施内可用45%百菌清FU熏烟，用量为250g/亩（1亩≈666.7m²）。

发病中期叶面的褐色圆形病斑

扩展后的叶背病斑

④ 腐皮镰孢根腐病 (*Fusarium solani*)

病菌为害根及茎基部,导致植株枯死。病菌在土中可存活5年以上,借水传播,从伤口侵入。阴雨连绵、高温高湿、昼暖夜凉的天气易发病,低洼积水、田间郁闭、茎节受伤、施用未腐熟肥会加重病情。防治方法:种植抗病品种;进行3年以上轮作;采取高畦(垄)栽培;降低地下水位;施用充分腐熟的有机肥。定植

田间病株萎蔫枯死

发病初期茎基部变褐坏死缢缩

后至门椒坐果期，定期或不定期施药 2 次以上进行预防。发病初期对茎基部喷淋或灌药，药剂有：50％甲基硫菌灵·硫黄 SC800 倍液、50％根腐灵 WP800 倍液、50％多菌灵 WP500 倍液、50％甲基托布津 WP500 倍液、10％双效灵 AS300 倍液、75％敌克松 WP800 倍液、40％混杀硫 JG500 倍液等。

茎基部及根系内部组织变褐坏死

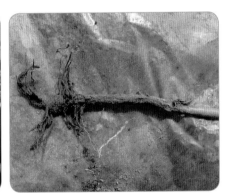

后期病株茎基部及根系腐烂

⑤ 疫霉根腐病 (Phytophthora nicotianae)

疫霉根腐病俗称脚腐病、根茎腐烂病。病菌随水传播，发病适温为26~28℃，喜潮湿环境。防治方法：避免连作；进行种子消毒。7~8月，利用"太阳热＋石灰＋有机物＋地膜＋灌水"方式密闭棚室处理土壤20天。灌根药剂有：58% 甲霜灵·锰锌 WP500 倍液、69% 安克·锰锌 WP600 倍液、72.2% 霜霉威盐酸盐 AS600 倍液。

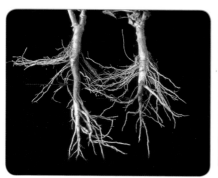

病株部分根段表面变褐色坏死

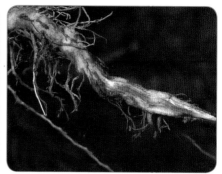

病根内部坏死

⑥ 镰孢霉果腐病（*Fusarium oxysporum f. sp. vasinfectum*）

　　病菌存在于土中，借水传播。喷雾药剂有：50% 多菌灵 WP500 倍液、50% 甲基托布津 WP500 倍液、10% 双效灵 AS200 倍液、5% 菌毒清 AS400 倍液、70% 敌克松 WP500 倍液、32.5% 锰锌·烯唑醇 WP1000 倍液、70% 甲基硫菌灵 WP500 倍液、10% 混合氨基酸铜络合物 AS200 倍液、30% 苯噻氰 EC1000 倍液。

受害果实表面症状

受害果实内部变褐坏死

❼ 褐斑病（*Cercospora capsici*）

病菌随病残体在土中或种子上越冬，靠气流传播，从辣椒果实、叶片表皮直接侵入。喜高温高湿环境，发病适温为 20~25℃。防治方法：种子消毒；定植前，用硫黄粉 2.50g/m^2 加 5g 干锯末，点燃后密闭棚室闷 1 夜，熏蒸温室进行消毒；钢架结构的棚室用百菌清 FU0.38g/m^2 熏蒸。发病初期喷雾，药剂有：

叶面病斑近圆形有轮纹中央有白点

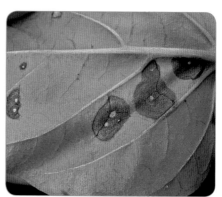

叶背病斑与叶面病斑相似

50%代森锌 WP500 倍液、50%多·硫 SC500 倍液、36%甲基硫菌灵 SC500 倍液、50%混杀硫 SC500 倍液、70%甲基托布津 WP1000 倍液、50%多菌灵 WP500 倍液、50%苯菌灵 WP1600 倍液、77%氢氧化铜 WP400 倍液。保护地可用 45%百菌清 FU 熏烟。高湿环境可喷 5%百菌清复合粉剂。

幼苗受害状

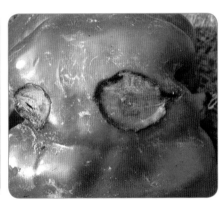

果面病斑近圆形浅褐色略凹陷

⑧ 黑斑病（*Alternaria alternata*）

病菌借气流传播，植株多于雨季高温高湿环境下发病，发病适温为25~30℃，相对湿度在85%以上，发生脐腐病的果实容易感染病菌。防治方法：高畦覆膜栽培；种植密度适宜；施足有机肥，适时追磷、钾肥；均匀浇水；预防脐腐病。发病初期先摘除病果，之后选喷下列药剂：50%异菌脲WP1000倍

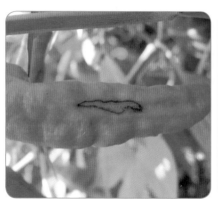

发病初期果面出现不规则形褐色病斑

病斑坏死处着生黑霉并呈轮纹状分布

液、50% 多霉威 WP1000 倍液、10% 苯醚甲环唑 WG1000 倍液、77% 可杀得 WP800 倍液、50% 灭霉灵 WP800 倍液、80% 代森锰锌 WP600 倍液、50% 咪唑菌酮 SC1500 倍液、45% 噻菌灵 SC500 倍液、40% 氟硅唑 EC10000 倍液、12.5% 腈菌唑 EC2000 倍液、25% 嘧菌酯 SC1500 倍液、20.67% 噁唑菌酮·氟硅唑 (万兴)EC2000 倍液等。

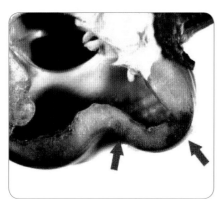
病果内部果肉变褐色坏死

幼苗茎的病部坏死组织着生黑霉

　　病菌在种子或土中越冬，借助气流、水传播。发病适温为 25~33℃，最适温度为 27℃，适宜的相对湿度为 95% 以上，低于 70% 不利于发病。防治方法：选用抗病品种；施足有机肥；清洁田园；避免高温高湿。喷雾药剂有：50% 咪鲜胺锰络合物 WP1000 倍液、10% 噁醚唑（世高）WG2000 倍液、68.75%

初期出现褐色凹陷斑

病斑上长出褐色霉层

噁唑菌酮·锰锌 WG1000 倍液、10％多氧霉素 WP1000 倍液、25％咪鲜胺 EC1500 倍液、10％苯醚甲环唑 WG1500 倍液、60％吡唑醚菌酯 WG1000 倍液、40％多·福·溴菌腈 WP800 倍液、60％甲硫·异菌脲 WP1000 倍液、70％福·甲·硫黄 WP600 倍液、20％唑菌胺酯 WG1000 倍液、66.8％丙森·异丙菌胺 WP600 倍液、30％苯甲·丙环唑 3000EC 倍液、80％炭疽福美 WP600 倍液等。配方有：25％溴菌腈 WP800 倍液 +75％百菌清 WP700 倍液；50％咪鲜胺锰盐 WP1500 倍液 +70％代森锰锌 WP1000 倍液；43％戊唑醇 SC4000

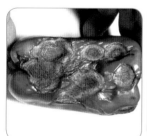

霉层致密且颜色加深

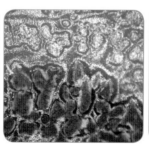

果实内部霉层

后期病斑上出现轮纹状排列的
小黑点

倍液 +70% 代森联 DF600 倍液；5% 亚胺唑 WP1000 倍液 + 75% 百菌清 WP600 倍液；12.5% 烯唑醇 EC2000 倍液 +50% 烯酰·锰锌 WP800 倍液 +2% 春雷霉素 WP600 倍液；12.5% 烯唑醇 EC2000 倍液 +53% 金雷多米尔 WP600 倍液 +3% 中生菌素 WP1000 倍液；70% 甲基托布津 WP800 倍液 +50% 烯酰吗啉 WP1500 倍液 +88% 水合霉素 WP500 倍液。

发病后期病果干缩

病果内部果肉坏死

果柄上的不规则形凹陷褐斑

⑩ 立枯病（*Rhizoctonia solani*）

病菌能在土壤中存活 3 年，可直接从幼苗茎基表皮或根部伤口侵入。发病适温为 20~28℃。防治方法：苗床消毒，每立方米营养土用 250 毫升福尔马林加水 25L 喷洒，盖膜闷 5~7 天。苗床喷雾药剂有：3.2％甲霜・噁霉灵 AS300 倍液、20％甲基立枯磷 EC1200 倍液、15％噁霉灵 AS450 倍液、40％五氯硝基苯 SC500 倍液等。

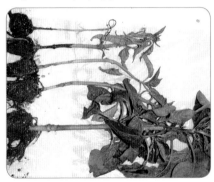

茎基部皮层变褐色缢缩但幼苗不倒伏

茎基部皮层腐烂露出木质部

⑪ 红色炭疽病（*Colletotrichum gloeosporioides*）

　　红色炭疽病又称肉色炭疽病，为害果实。病菌可附着在种子上，田间通过水、气流传播。病菌喜温暖高湿环境，最适温度为 27℃，要求相对湿度在 95% 以上。喷雾药剂有：80% 炭疽福美 WP800 倍液、70% 代森锰锌 WP500 倍液、65% 代森锌 WP500 倍液、70% 甲基托布津 WP800 倍液、20% 噻菌酮 SC600

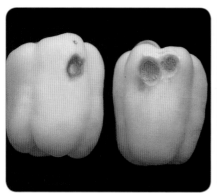

发病初期果实上的圆形凹陷斑

病斑上出现橙红色小点且呈轮纹状排列

倍液、25％溴菌腈 WP500 倍液、25％咪鲜胺·乙霉威 EC2000 倍液、40％咪鲜胺·甲基硫菌灵 WP1000 倍液等。配方有：30％苯甲·丙环唑 EC3000 倍液 +0.5％几丁聚糖 SP600 倍液；50％多菌灵 WP700 倍液 +25％溴菌腈 EC 乳油 1500 倍液 +50％福美双 WP800 倍液；40％福·福锌 600 倍液 + 75％百菌清 800 倍液；25％咪鲜胺 EC2000 倍液 +80％代森锰锌 WP500 倍液。

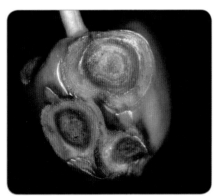

后期病斑呈深褐色至黑色并相互融合

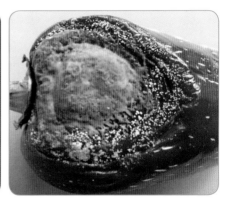

病部溢出浅红色黏质物

⑫ 黄萎病（*Verticillium dahliae*）

　　病菌可在土中存活 6 年以上，能借病残体、土壤、气流、水传到无病田。病菌从伤口或直接从根毛进入维管束引发病害，侵染后防治困难。防治方法中最有效的是嫁接育苗。育苗期间用 30% 甲霜·噁霉灵 WP800 倍液 +96% 硫酸铜 AY2000 倍液灌根后带药移栽。定植后淋施预防药剂：40% 三唑酮·多菌灵

黄萎病的叶片症状

正常植株　　　黄萎病植株

病健植株的形态对比

WP800 倍液、50％多菌灵 WP600 倍液、38％噁霜灵·嘧菌酯 WP600 倍液、10％多菌灵水杨酸 AS300 倍液、80％防霉宝超微 WP600 倍液、16％唑酮·乙蒜素 WP1200 倍液、41％氯霉·乙蒜素 EC1000 倍液、80％乙蒜素 EC1200 倍液、80％多·福·锌 WP800 倍液。每株灌药液 200mL。发病后继续淋施，封锁发病中心。

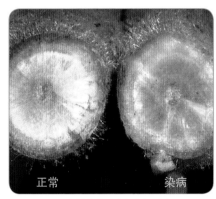
病健植株茎内部组织对比

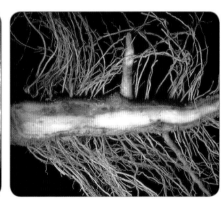
黄萎病植株的根部症状

⑬ 灰霉病（*Botuytis cinerea*）

病菌随病残体越冬，借气流、水传播。灰霉病属于低温高湿型病害，发病适温为16~20℃，高于24℃侵染缓慢。防治方法：注意棚室排湿，避免叶面长时间结露。7~8月休闲期高温闷棚，消毒15~20天。平时燃放速克灵FU或百菌清FU预防。喷雾药剂有：50%腐霉利WP1500倍液、25%咪鲜胺EC2000倍液、

从叶缘侵染且在病部生出灰色霉层

花受害导致落花

22

30%百·霉威WP500倍液、40%嘧霉胺SC1200倍液、20%噁咪唑WP2000倍液、2%丙烷脒AS1000倍液、50%烟酰胺WG1500倍液、40%木霉素WP600倍液、50%异菌脲·福美双WP800倍液、25%啶菌噁唑EC2500倍液、40%多·硫SC600倍液、2%阿司米星（武夷霉素）AS150倍液、50%异菌脲WP1000、50%福美双WP600倍液等。

茎受害状

果实上布满灰色霉层

⑭ 菌核病（*Sclerotinia sclerotiorum*）

　　病株各部位先形成白霉，后纠结成菌核。病菌在土壤中越冬，萌发产生子囊盘，孢子借气流传播。发病适温为20℃，适宜的相对湿度为85%以上，气温在30℃以上时病情受到抑制。防治方法：夏季病田灌水浸泡半个月，收获后深翻将菌核埋入深层，地表发现子囊盘时应及时铲除。发病后对植株喷雾，并对

病叶上的白霉纠结成团

茎基部致密的白色絮状霉层

茎基部淋灌，药剂有：50％腐霉利 WP1500 倍液、50％异菌脲 WP1000 倍液、40％菌核净 WP1000 倍液、30％噁霉灵 AS800 倍液、2％宁南霉素 AS250 倍液、50％灭霉灵 WP600 倍液、50％乙烯菌核利 WP1000 倍液、50％腐霉利·多菌灵 WP1000 倍液、50％福·异菌 WP800 倍液、50％多霉灵 WP1000 倍液、50％福·菌核 WP600 倍液等。

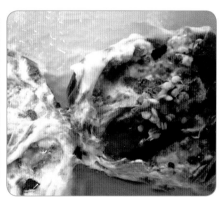

病茎内部形成黑色鼠粪状菌核　　　病果内外的白色菌丝及黑色菌核

⑮ 枯萎病（*Fusarium oxysporum* f.sp. *vasinfectum*）

病菌存在于土中，主要通过灌溉水传播，从根及茎的伤口侵入。防治方法：实行水旱轮作；出现病株时及时挖除，病穴用石灰水消毒；避免施用未经腐熟的有机肥；定植后至门椒坐果期病害发生前，定期或不定期淋灌药剂预防。发病初期灌根，可选药剂有：25% 咪鲜胺 EC2000 倍喷雾、50% 抗枯灵 WP1000

病株矮小且叶片颜色偏浅

病株成片枯萎

倍液、40% 多·硫 SC 600 倍液、50% 琥珀酸铜 WP 400 倍液、10% 双效灵 AS300 倍液、2.5% 咯菌腈 WP1500 倍液、30% 苯噻氰 EC1300 倍液、30% 噁霉灵 AS800 倍液、30% 甲霜·噁霉灵 AS1000 倍液、32.5% 锰锌·烯唑醇 WP1000 倍液、70% 五氯硝基苯 WP600 倍液、25% 络氨铜 AS500 倍液等。

茎基部及根系腐烂且极易拔起

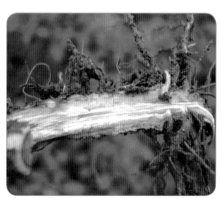

根茎内部变褐

⑯ 疫病（*Phytophthora capsici*）

疫病属于土传病害，病菌借助灌溉水和雨水溅射传播，整株发病。病菌发育适温为 23~31℃，适宜的相对湿度为 85%，高温高湿利于发病。防治方法：种子消毒，苗床消毒，定植后药剂灌根预防，发病时叶面喷雾，同时对茎基部淋灌。药剂有：52.5% 噁唑菌酮·霜脲 WG2500 倍液、6.25% 噁唑菌酮 WP1000 倍液、58% 甲霜灵·锰锌 WP600 倍液、64% 噁霜·锰锌 WP500 倍液、69% 烯

幼苗从叶缘开始发病

花蕾染病变褐坏死脱落

酰吗啉 WP1000 倍液、10% 氰霜唑 SE1500 倍液、72% 霜脲·锰锌 WP600 倍液、70% 锰锌·乙铝 WP500 倍液、25% 烯肟菌酯 EC1000 倍液、69% 烯酰·锰锌 WP600 倍液、55% 福·烯酰 WP700 倍液、50% 嘧菌酯 WG2000 倍液等。配方有: 35% 锰锌·霜脲 SC600 倍液 +0.0016% 芸苔素内酯 AS1500 倍液; 65% 代森锌 WP600 倍液 +5% 亚胺唑 WP800 倍液 +2% 春雷霉素 500 倍液; 53% 金雷多米尔 WG500 倍液 +30% 苯甲·丙环唑 EC4000 倍液 +88% 水合霉

茎基部变褐色且皮层坏死

茎部多从分枝处发病

果实染病初期症状

素 SP1000 倍液；65% 代森锌 WP600 倍液 +4% 四氟醚唑 EW1000 倍液 +2% 春雷霉素 WP500 倍液；50% 烯酰·锰锌 WP800 倍液 +25% 咪鲜胺 EC1500 倍液 +20% 噻菌铜 SC600 倍液；10% 多氧霉素 WP1000 倍液 +5% 亚胺唑 WP800 倍液 +2% 春雷霉素 WP500 倍液；72% 普力克 WP500 倍液 +50% 速克灵 WP1000 倍液 +20% 噻菌铜 SC500 倍液；52.5% 噁唑菌酮 WP1000 倍液 +65% 代森锌 WP500 倍液 +2% 春雷霉素 AY500 倍液。

 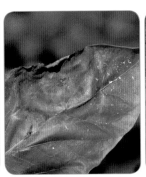 

病果皱缩并长出白色粉状霉　　　叶片病斑呈枯绿色近圆形且　　　病株青枯
　　　　　　　　　　　　　　　有轮纹

⑰ 煤污病（*Cladosporium herbarnm*）

蚜虫、白粉虱泛滥且环境高湿时煤污病发病重。防治方法：降低空气湿度；防治温室白粉虱、蚜虫。喷雾药剂有：2% 阿司米星（武夷霉素）AS200 倍液、50% 多·硫 WP500 倍液、50% 甲基硫菌灵·硫黄 SC800 倍液、10% 苯醚甲环唑 WG1000 倍液、50% 多霉灵 WP1000 倍液。配方如 50% 苯菌灵 WP1000 倍液 +75% 百菌清 WP500 倍液。

初期叶面出现少量灰黑色煤污斑

后期灰黑色霉层覆盖整个叶面

（二）细菌性病害

① **细菌性疮痂病**（*Xanthomonas campestris pv. vesicatoria*）

病菌借水、气流传播，发病迅速，应注意前期预防，在发病前和发病初期施药。种子带菌率很高，一旦病原菌侵入未曾发生的地区，就会持续侵染。种子消毒方法是：用 3% 中生菌素 WP1000 倍液浸种 30min；或者用清水浸种 10h 后再用

叶面病斑近圆形且边缘色深中央色浅

茎部病斑呈浅褐色不规则形

0.1% 硫酸铜 AY 浸 5min；或者先将种子放入 55℃ 温水中浸种 10min，捞起再用 0.1% 硫酸铜 AY 浸泡 5min。田间喷雾药剂有：60% 琥铜·乙磷铝 WP500 倍液、60% 琥铜·乙铝·锌 WP500 倍液、14% 络氨铜 AS300 倍液、50% 氯溴异氰尿酸 SP1200 倍液、78% 波·锰锌 WP500 倍液、77% 氢氧化铜 WP500 倍液、2% 多抗霉素 WP800 倍液、20% 叶枯唑 WP800 倍液等。

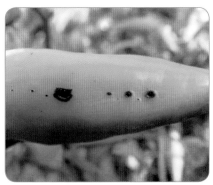

果面病斑略凸起呈疮痂状

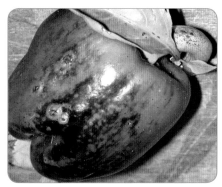

后期病斑变为深褐色

❷ 细菌性青枯病（*Ralstonia solanacearum*）

　　细菌性青枯病属于土传病害，病菌主要从根部伤口侵入，能长期潜伏，遇高温高湿条件，在维管束内繁殖并堵塞导管致使植株萎蔫枯死。防治方法：轮作，嫁接，挖除病株。尚无理想药剂，应在定植后至开花结果期及早淋施或沟灌药剂预防。药剂有：10^9cfu/g 多黏类芽孢杆菌 WP1500 倍液、20% 噻菌铜

发病初期病株呈青枯状

后期叶片干枯

WP400 倍液、50％琥胶酸铜 WP400 倍液、20％噻枯唑 WP600 倍液、90％乙霜青 WP1000 倍液等。配方有：16％松脂酸铜 EC800 倍液 + 20％叶枯唑 WP800 倍液；23％络氨铜 AS500 倍液 +72％农用链霉素 SP4000 倍液；88％水合霉素 WP1000 倍液 +57.6％氢氧化铜 GF1000 倍液 +2％春雷霉素 AS500 倍液 +72％农用链霉素 SP4000 倍液。发病后继续防治，封锁发病中心。

病情蔓延，成片发病

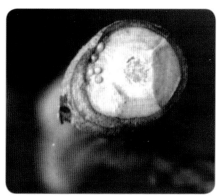
横切病茎可见溢出的菌脓

❸ 细菌性软腐病（*Erwinia carotovora* subsp. *carotovora*）

土壤带菌，流水传菌，高湿利于发病。需要注意治虫，减少果实伤口。喷雾药剂有：14% 络氨铜 AS350 倍液、42% 三氯异氰尿酸 SP3000 倍液、50% 氯溴异氰尿酸 SP1500 倍液、3% 金核霉素 AS300 倍液、72% 农用链霉素 SP4000 倍液、2% 宁南霉素 AS300 倍液、20% 噻菌铜 SC600 倍液、33.5% 喹啉酮 SC1000 倍液。

果实内部果肉湿腐

后期病果呈"一兜水"状

❹ 细菌性叶斑病（*Pseudomonas syringae* pv. *Syringae*）

　　种子带菌，病菌借水、气流传播。喷雾药剂有：20% 噻唑锌 SC400 倍液、20% 噻菌茂 WP600 倍液、80% 乙蒜素 AS1000 倍液、2% 宁南霉素 AS300 倍液、14% 络氨铜 AS300 倍液、0.5% 氨基寡糖素 AS600 倍液、56% 氧化亚铜 WG600 倍液、15% 混合氨基酸铜·锌·镁 AS300 倍液、20% 乙酸铜 WG800 倍液、30% 硝基腐植酸铜 WP600 倍液。

叶面及叶背病斑

后期病斑连片

（三）病毒性病害

① 斑萎病毒病（*Tomato spotted wilt virus*, TSWV）

病毒最初多源于外来种子，在田间主要通过汁液传毒，主要传毒媒介昆虫为各种蓟马。因此，防治此病需要先防治蓟马，可用细网眼网纱隔离或蓝板诱杀蓟马，必要时喷杀虫剂，常用杀虫剂有：50% 辛硫磷 EC1000 倍液、10% 吡虫啉

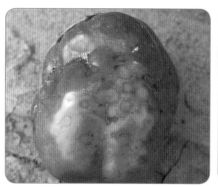

病果表面有褐色环纹

果实病部环纹不易转色

WP1500 倍液、5% 氟虫腈 EC1500 倍液、22% 毒死蜱·吡虫啉 EC1500 倍液等。抗病毒药剂有：32% 核苷·溴·吗啉胍 AS1000 倍液、20% 盐酸吗啉胍·乙酮 WP500 倍液、40% 羟烯腺·吗啉胍 SP1000 倍液、7.5% 菌毒·吗啉胍 AS500 倍液、25% 吗啉胍·锌 SP500 倍液、31% 三氮唑核苷·吗啉胍 AS1000 倍液、3% 三氮唑核苷（利巴韦林）AS500 倍液、3.85% 三氮唑核苷·铜·锌 EW600 倍液、24% 混脂酸·铜 AS800 倍液、5% 菌毒清 AS500 倍液、8% 宁南霉素 AS750 倍液、0.5% 菇类蛋白多糖 AS300 倍液、0.5% 葡聚烯糖 SP4000 倍液。还可用生

有的果实病部呈不规则状
变褐色坏死

病叶表面的褪绿云纹

叶面云纹变褐色坏死

长调节剂类药剂：0.1%三十烷醇 EW1000 倍液、1.5%三十烷醇·硫酸铜·十二烷基硫酸钠 EW800 倍液、6%菌毒·烷醇 WP700 倍液。配方有：1.5%三十烷醇·硫酸铜·十二烷基硫酸钠 EW800 倍液 +0.014% 芸苔素内酯 SP1500 倍液；20%盐酸吗啉胍·乙酮 WP500 倍液 +0.014% 芸苔素内酯 SP1500 倍液；0.5%几丁聚糖 SP1000 倍液 +0.004% 植物细胞分裂素 SP600 倍液。

病株顶部叶片褪绿黄化

病株顶部干枯

发病后期病株枯死

② **花叶病毒病**（Cucumber mosaic virus，CMV）

　　花叶病毒主要通过蚜虫传播，高温干旱利于发病。防治方法：采收结束后清除病株，收集烧毁或深埋；防止高温，干旱时应及时灌水；施足腐熟有机肥，提高抗病能力；田间整枝、蘸花和摘果操作时都应尽量先处理健壮株；后处理发病株；种子播前要先消毒，将种子用冷水浸泡6~10h，再用10%磷酸三钠溶液浸种20min，捞出冲干净后再催芽播种。防治传毒媒介，采用喷药、熏蒸方

典型的花叶症状　　　　病叶叶背症状　　　特殊的叶脉旁边叶肉坏死症状

41

法，杀死蚜虫、白粉虱。发现症状后，选择喷洒下列药剂：22%烯·羟·硫酸铜 WP1500 倍液、2.1%烷醇·硫酸铜 WP500 倍液、32%核苷·溴·吗啉胍 AS1000 倍液、20%盐酸吗啉胍·铜 WP500 倍液、40%吗啉胍·羟烯腺·烯腺 SP1000 倍液、7.5%菌毒·吗啉胍 AS500 倍液、25%吗啉胍·锌 SP500 倍液、31%三氮唑核苷·吗啉胍 AS1000 倍液、1.05%氮苷·硫酸铜 AS300 倍液、3.85%三氮唑·铜·锌 EW600 倍液、1.5%硫铜·烷基·烷醇 EW1000 倍液、3.95%三氮唑核苷·铜·烷醇·锌 AS500 倍液、31%三氮唑核苷·吗啉胍 SP800 倍

病株矮化且叶片偏小

病株顶部叶片褪绿皱缩

病株花器坏死

液、0.5% 菇类蛋白多糖 AS300 倍液、2% 宁南霉素 AS200 倍液、4% 嘧肽霉素 AS200 倍液、0.5% 葡聚烯糖 SP4000 倍液等。配方有：3.95% 三氮唑核苷·铜·烷醇·锌 AS500 倍液 +0.004% 芸苔素内酯 AS4000 倍液；2% 宁南霉素 AS200 倍液 +1.5% 三十烷醇·硫酸铜·十二烷基硫酸钠 EW800 倍液。

病茎上出现褐色条斑

病果

③ 轻斑驳病毒病（Pepper mild mottle virus，PMMoV）

轻斑驳病毒通过种传和汁液摩擦传染，在干燥的植物病残体上可存活25年，媒介昆虫不易传毒，带毒种子、感病植株和病土是重要的侵染源。防治方法：

初期叶面斑驳

叶面凹凸不平

种子干热杀毒，把含水量低于 4％的干燥种子放于烘箱中，在 70℃高温下处理 2 天，时间要严格控制，否则会杀死胚芽。药剂防治参见前述两种病毒病的防治方法。

病果转色不良

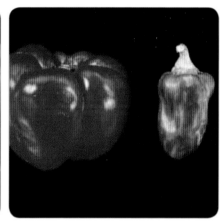

病果果形小（右）

二、生理性病害

（一）果异常

❶ 畸形果

畸形果的病因是：在花芽分化期遇低于13℃的温度导致花芽分化或花粉发育不良；在辣椒子房发育时缺钙；肥水不足，果实得到的养分少或不均匀；光照不足，光合产物减少；土壤缺水，严重干旱。需要针对这些因素进行预防。

辣椒畸形果（一）

辣椒畸形果（二）

❷ 拉链果与开窗果

　　病因是花芽分化和发育过程中，幼苗遭遇5~7℃低温，雄蕊不能从子房上分离出来，当果实膨大时，雄蕊嵌在果实里面，形成弥合线，轻者形成拉链果，重者从弥合线处开裂形成开窗果。氮多、水多和缺钙也会引发此病。防治重点是育苗期间保持昼温在20℃以上，夜温在10℃以上，并控制氮肥用量和浇水量。

拉链果

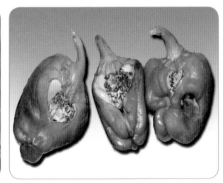

开窗果

❸ 落花落果

　　落花落果的主要原因是高温、低温、弱光、多氮、干旱、高湿等。对此，白天控制温度为 25~28℃，晚上为 15~18℃；合理使用氮肥；开花前喷施 20~25mg/L 矮壮素抑制徒长；开花期喷施 5mg/L 防落素和 20mg/L 萘乙酸混合液；冬季、夏季用 3~4mg/L 番茄灵溶液喷花；叶面喷施 0.2%~0.3% 硼酸或硼砂溶液。

落花

落果

❹ 脐腐病

果实顶部出现革质大斑，不开裂，有时可见轮纹，后期失水凹陷。这是土壤忽干忽湿、长期干旱、土壤板结、高温等因素造成缺钙所致。防治方法：开花结果后叶面喷施 0.1%~0.3% 氯化钙、硝酸钙或螯合钙等钙肥；覆盖地膜，雨后及时排水，小水勤浇，确保土壤水分不发生剧烈变化。

尖辣椒脐腐病症状

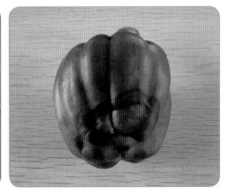

圆辣椒脐腐病症状

⑤ 弯曲果

　　病果扭曲、皱缩。病因是：气温高于 30℃ 或低于 13℃，导致辣椒花受精不良，或者肥水不足、缺素、土壤溶液浓度过高，影响了生长素的合成。防治方法：棚室温度控制在白天 22~28℃，上半夜 16~18℃，下半夜 13~15℃；维持薄膜良好的透光性；均衡供水；减少氮肥用量，增施磷钾肥，及时向叶面喷施钙肥。

弯曲果（一）

弯曲果（二）

❻ 无籽果

　　病果内没有种子或种子少，体积小，果皮薄，重量轻，导致总产量很低。病因是：气温高于35℃或低于13℃时花药不开裂，花器不能正常授粉，只能使用生长调节剂喷花或蘸花，从而形成此类果实。防治方法：在花芽分化期控制好棚室温度；恶劣天气使用防落素提高坐果率，并增加水肥促进果实发育。

无籽果外观

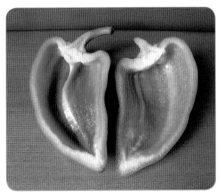

无籽果内部状态

❼ 细碎纹裂果

此病是由于辣椒果实表面有露水或干旱后突然浇水，导致果面潮湿，致使老化的果皮木栓层吸水涨裂所致。防治方法：选择抗裂品种；增施有机肥，使根系生长良好；避免土壤忽干忽湿，防止久旱后浇水过多，注意雨后排水；及时补充钙肥和硼肥，氮肥不可过多；避免阳光直射，防止果皮老化。

红熟果的细小裂纹

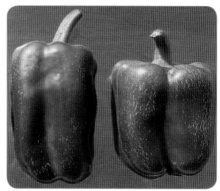

绿果果面的细纹

⑧ 紫斑果

果面有紫色斑块，是植株缺磷，阳光照射下绿色果皮表面形成花青素所致。引发原因：土壤缺磷，或者土壤偏酸偏干导致磷被固化，或者地温低于10℃根系吸收磷困难，或者高温干旱。防治方法：提高地温；多施腐熟的有机肥，提高土壤中磷的有效性；施用镁肥，缺镁会抑制根系对磷素的吸收；适时喷施磷酸二氢钾。

轻度紫斑果

重度紫斑果

（二）叶异常

① 戴帽出土

  戴帽出土的原因是：种子质量差；苗床底水不足；播种过浅或覆土过薄，所覆盖的土太干；播种后没有盖上塑料薄膜或过早撤掉薄膜；地温低。防治方法：挑选形正、饱满的种子播种；播种前苗床土要浇透底水；浸种催芽后再播种；播后覆盖潮湿细土，不要覆盖干土，之后再覆盖薄膜保湿；上午趁种壳潮湿时人工"摘帽"。

发生戴帽出土的苗床状态

种皮夹在子叶上会影响幼苗生长

❷ 生理性充水

生理性充水的病因是白天温度高，夜间温度低，气温变化剧烈，或空气湿度过高，或土壤温度偏高，叶片蒸腾受抑制，致使细胞间隙积累过多水分。该现象可以预防，但很难治疗。栽培秋冬茬或越冬茬辣椒时，应及时覆盖薄膜和草苫。低温季节进行多层覆盖，加强保温，必要时进行临时增温。保障薄膜透光性。

叶片背面的典型充水症状

失水后脉间叶肉组织坏死形成枯斑

❸ 生理性卷叶

叶片纵向上卷，严重时叶片呈筒状，导致光合面积减少，产量降低。这是由于高温强光、空气干燥、土壤干旱、偏施氮肥及缺铁和缺锰等因素造成的。防治方法：适时、均匀地浇水，避免土壤过干或过湿；设施栽培时要及时放风，空气干燥时可在田间喷水或浇水；对于缺素所致的卷叶，可对症喷施复合微肥。

设施内强光高温引发卷叶

露地栽培辣椒的卷叶现象

❹ 生理性水肿

生理性水肿又称瘤腺体病，叶片略皱缩，叶片正反两面出现小水泡，浅绿色，小米粒大小，沿叶脉分布。这是由于植株吸水和失水不平衡造成的。强光、高湿和空气流通差等不利因素是发病主因。防治方法：让植株获得更多的光照，及时通风，不要过量浇水，降低空气湿度，喷钙肥、硅肥和钾肥，钙有助于细胞壁增厚。

叶面有浅绿色小米粒状水肿

生理性水肿的叶背症状

⑤ 下部叶片褪绿黄化

这是连作障碍的一种表现。由于连作，大量使用化肥，土壤理化性质变差，根系受损，吸收能力降低，导致植株缺乏养分，表现为黄叶甚至叶肉坏死。防治方法：增施有机物肥，改善土壤性状；冬前深翻晒垡；每隔2~3年在夏季深翻30~40cm，覆盖地面，高温消毒；测土施肥，科学施用化肥，多用黄腐酸、

下部叶片黄化

褪绿叶片

氨基酸冲施肥或生物菌肥；使用土壤调理剂，如天然沸石、膨润土等；使用秸秆反应堆技术种植，秸秆反应堆是近年流行的一种新式设施栽培技术，将作物秸秆铺在栽培垄下面的土壤中，提高土壤温度和有机质含量；夏季种植一茬玉米，吸收土壤中的盐分。

轻度受害株

早衰的受害株

（三）环境不良

❶ 涝害

夏季雨量过大，流入半地下温室，抑制根系呼吸，导致涝害。防治方法：尽快排除田中积水，缩短淹渍时间；在易涝地区建地上式温室，温室内外地面高度相同；温室周围建排水沟；对于受淹较重但根系未死的植株，可剪除其过

涝害植株叶片（左）小而黄化　　　　　　受害植株生长受阻甚至死亡

密枝叶和伤病枝；涝害严重的植株可重剪，只保留第一分枝，植株呈"Y"形，将其他的剪掉，培养新的结果枝；扶正歪斜植株，培土，促发新根；用遮阳网进行短期适度遮阴，防止雨后突晴暴晒，减少因蒸腾导致的水分散失；及时补施氮、磷、钾多元复合肥料，进行叶面喷肥；浇灌萘乙酸促根剂，促进地下部新根的发育和地上部新叶的生长；如果受淹严重，根系已死亡，应清洁田园，整地重播或改种其他蔬菜。

温室内外地面等高以防温室内积水

在新建温室外修建排水沟防积水

❷ 低温障碍

　　低温障碍是因低温引发的生理异常。防治方法：建设保温性能良好的温室；喷抗寒剂、低温保护剂、防冻剂等；在低温逆境下，根系吸收能力差，叶面喷肥，可补充因根系吸收营养不足而造成的缺素症。注意，低温季节不要使用生长素

受冷害的辣椒叶片皱缩

低温下植株因吸水不足而萎蔫

类调节剂。

露地栽培时，早春采用地膜"近地面覆盖"的形式覆盖刚刚定植的幼苗，使整株幼苗处于地膜之下，以此取代普通的地面地膜覆盖形式，投资不增加，但效果很好。温室内南部前沿处温度最低，可在外侧贴铺草苫。短期低温时，温室内还可使用红外灯临时增温补光。

叶片受害如水烫状

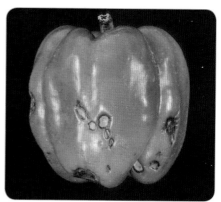

长期低温下果面出现坏死凹陷斑

多层覆盖，在大棚或温室栽培时，可在已有的薄膜下方，像搭蚊帐一样，覆盖第二层或第三层薄膜。每增加一层薄膜可提高气温 2~3℃，减少热损耗 30%~50%。做法是，在棚室薄膜之下的拱架上拉铁丝，在铁丝上架起很薄的地膜，膜与膜之间的缝隙用塑料夹子夹住，天气转暖后可撤去这层膜。

温室前沿贴铺草苫保温

温室内使用红外灯增温补光

建造秸秆反应堆，提高土壤温度。方法是：挖宽 50cm、间距 90cm、深 20~25cm 的沟，铺入玉米秸秆，玉米秸秆上撒菌肥，埋土浇水，次日水完全渗下后，从沟两侧取土，在玉米秸秆的正上方，堆成高 20~25cm、宽 90cm 的高畦，在高畦中央开沟，做出两条垄，覆盖地膜后定植。

温室内设置第二层膜

栽培垄下埋玉米秸秆提高地温

❸ 日灼

　　日灼是由阳光直接照射引起的辣椒受高温伤害的现象。病因除自然高温外，还包括：空气干燥和肥力不足导致果实微量元素不足，从而导致果皮耐强光能力下降；行向错误，东西向种植日灼严重。防治方法：覆盖适宜透光率的遮阳网，避免阳光直射果实，降低气温和土温；辣椒田插种玉米，利用生物屏障遮

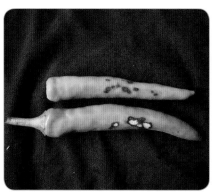 

尖辣椒的日灼症状　　　　　　　　　　受害果实表面的白色革质灼伤斑

阴；棚室内及时放风降温；若在高温来临前不能及时灌溉，可向棚内喷洒清水以达到降温的目的；合理密植，使叶片相互遮阴，不让果实直接暴露在阳光下；结果期保证及时、均匀地浇水，保持地面湿润；增施磷、钾肥，及时补充含有钙、镁、硼、锌、钼等微量元素的叶面肥；及早摘除病果，防止其被病菌感染。

叶片初期受害状

叶片中后期受害状

（四）营养失调

① 缺磷

某些情况下，虽然土壤中磷的含量并不低，但如果干旱、地温低，会阻碍根系对磷元素的吸收，导致植株缺磷。由于磷元素在土壤中的移动性弱，易被土壤胶体固定，辣椒对磷的需求量又比较大，尤其是幼苗期需磷量更大，所以，

缺磷叶片（下）比正常叶片（上）小而紫

缺磷幼苗在后期下部叶片黄化

生育初期更容易发生缺磷状况。移栽时如果伤根、断根也容易出现缺磷症状。

防治方法：栽培过程中应底施、深施磷肥，还应与已经充分腐熟的有机肥混合，采用开沟集中施肥，可大大提高辣椒对磷元素的利用率；注意氮、磷配合施用，对其他营养元素如钾、硼、锌、钼等，也应根据土壤情况配合施用，这样才能获得最佳的施肥效果。出现缺磷症状时，可叶面喷施 0.2% 磷酸二氢钾溶液。

缺磷幼苗（右）比正常幼苗（左）矮小

缺磷植株（右）比正常植株（左）低矮

❷ 缺镁

　　缺镁的症状是脉间叶肉黄化。病因是：沙性强或酸性强的土壤中镁含量低，容易导致辣椒缺镁；钾、镁元素之间有拮抗作用，钾肥过多会抑制植株对镁的吸收，很多菜农重视钾肥的施用，结果造成土壤中速效钾养分偏高，因而抑制了植株对镁的吸收和利用；根系受伤，对镁吸收少，造成缺镁黄叶；多雨、干

缺镁叶片脉间叶肉黄化

缺镁叶片的叶背症状

旱和强光会加重缺镁。防治方法：施用镁肥，施入硫酸镁 2~4kg，对酸性土壤，定植前每亩施用镁石灰 50~100kg，既供镁又可降低土壤酸性；合理施肥，氮、磷、钾和微量元素配比要合理；对于根系吸收障碍而引起的缺镁，可于叶面喷洒 0.2%~0.5% 硫酸镁水溶液；控氮控钾，施足有机肥。

缺镁植株下部叶片黄化

缺镁植株全部叶片显症

③ 缺铁

缺铁的症状是幼叶黄化。病因是：土壤碱性强，铁被固定；磷肥过量，影响了铁的吸收；土壤干燥或过湿及地温低，根系活力弱，吸收铁的能力减弱；铜、锰太多，与铁产生拮抗。防治方法：根据土壤诊断结果采取相应措施，当土壤

缺铁叶片

症状主要出现在新叶上

中磷过多时可深耕；改良酸性土壤时石灰用量不要过大，施用要均匀，施用过量反而会使土壤呈碱性；pH达到6.5~6.7时，禁止使用石灰；定植时不要伤根；定植前，每亩用硫酸亚铁3~5kg作为基肥；生长期如果发现植株缺铁，可叶面喷施0.2%~0.5%硫酸亚铁水溶液。如果条件许可，可用乙二胺四乙酸二钠和硫酸亚铁自行配制螯合铁喷施，效果更好。

植株顶部叶片黄化

叶片扭曲

❹ 缺硼

缺硼的症状是新叶色浅、黄化，生长点枯死，花器发育不良或脱落。沙质土壤、石灰质土壤碱性强、土壤干燥、有机肥施用量少、施用过多钾氮肥等情况下易缺硼。防治方法：增施有机肥，底施含硼肥料；出现缺硼症状时，叶面喷0.1%~0.2%硼砂溶液；也可每亩撒施或随水追施硼砂0.5kg。

叶片黄化

果实基部木栓化

⑤ 缺锌

　　缺锌会导致生长素减少，从而导致"小叶症"。土壤呈碱性、强光、低温、干旱容易缺锌。防治方法：保持土壤湿润，不要过量施用磷肥；定植前每亩施用硫酸锌1.5kg；显症后叶面喷施0.2%硫酸锌水溶液。目前，锌肥主要为硫酸锌，此外还有氧化锌、硝酸锌、碱式硫酸锌、尿素锌、EDTA螯合锌等。

缺锌植株叶片黄化

辣椒植株缺锌后顶部叶片小而黄化

⑥ 缺钾

　　缺钾的病因主要是长期忽视钾肥的施用，或者过量施用氮肥、钙肥而影响了植株对钾的吸收。防治方法：基肥以高钾、中氮、低磷型为宜，在以有机肥作为基肥的条件下，合理追施钾肥，且分次而不是一次性施用；结果初期需钾量大，可叶面喷施 0.2% 磷酸二氢钾溶液。钾肥以硫酸钾为宜，不要选用氯化钾。

缺钾植株下部叶片褪绿

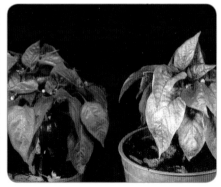

缺钾前期（左）与后期（右）的植株

⑦ 肥害

肥害的病因是：大量施用化肥，尤其是氮肥过量；施入未腐熟的有机肥；追肥距根系太近；高温干旱。防治方法：有机肥要腐熟，禽畜粪便可在发酵后与化肥混合使用，通过增施有机肥，提高土壤对化肥的缓冲能力；施氮肥要少量多次，施后浇水；叶面喷肥有效成分含量以 0.2% 为宜，不应超过 0.5%。发生肥害后可浇大水缓解。

高温下肥害植株叶面脉间出现枯斑

肥害植株中下部叶片由外向内黄化

三、虫害

（一）昆虫纲鳞翅目

1 棉铃虫（*Helicoverpa armigera*）

棉铃虫属于食叶蛀果害虫。幼虫共 6 龄，有假死性和自残性。幼虫咬食叶

棉铃虫的卵

各种体色的棉铃虫幼虫

片，蛀害蕾、花和果。防治方法：露地栽培时，越冬前翻耕或浇水淹地，减少越冬虫源；用黑光灯、杨柳枝诱杀成虫。在幼虫蛀入果实前喷雾防治，药剂有：20%除虫脲JG500倍液、50%辛硫磷EC1000倍液、20%多灭威EC2000倍液、20%速灭杀EC2000倍液、50%丁醚脲WP2000倍液、20%抑食肼WP800倍液、10%醚菊酯SC1000倍液、10%溴氟菊酯EC1000倍液、20%溴灭菊酯EC3000倍液、40%菊·马EC2000倍液、2.5%溴氰菊酯EC2000倍液、20%氰戊菊酯（禁用于茶树）EC2000倍液、1.8%阿维菌素EC3000倍液、24%甲

棉铃虫的蛹

棉铃虫的成虫

棉铃虫幼虫为害幼果及叶片

氧虫酰肼 SC2500 倍液、24％ 氰氟虫腙 SC1000 倍液、15％ 茚虫威 EC3000 倍液、5％ 甲氨基阿维菌素苯甲酸盐 WG3000 倍液、20％ 氟虫双酰胺 WG2500 倍液、24％ 特虫肼 EC1500 倍液、10％ 溴虫腈 EC3000 倍液、5％氟虫腈 EC3000 倍液、25％ 灭幼脲 3 号 SC1800 倍液、20％ 氟幼灵 SC8000 倍液、5％ 氟啶脲 EC1500 倍液、10％ 氯氰菊酯 EC1500 倍液、5％ 高效氯氰菊酯 EC1500 倍液、10.8％ 四氟菊酯 EC2000 倍液、50％杀螟松 EC1000 倍液、50％杀螟腈 EC800 倍液等。

幼虫在果实上蛀食，形成孔洞

蛀孔进水导致果实腐烂

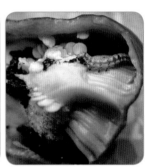
幼虫在果内排便造成污染

❷ 烟青虫 (*Heliothis assulta*)

烟青虫属于蛀果害虫。幼虫在近果柄处咬成孔洞，钻入果实内啃食果肉和胎座，同时排泄粪便造成果实腐烂。1只幼虫可为害3~5个果。防治方法：露地栽培时，可在冬前翻耕，使越冬蛹暴露、失水、受冻而死；定植后于清晨人工捕杀幼虫；用糖醋液（糖：酒：醋：水 =6:1:3:10）或豆饼发酵液，加入少量

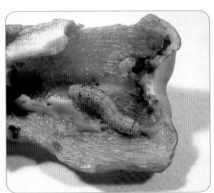
果实内的绿褐色幼虫

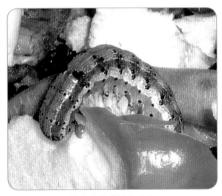
果实内的青绿色幼虫

敌百虫诱杀成虫。在孵化盛期至2龄幼虫蛀入果实之前,选用下列药剂喷雾: 2.5%溴氰菊酯EC4000倍液、50%杀螟松EC1000倍液、20%氰戊菊酯EC2000倍液、10%氯氰菊酯EC2000倍液、1%甲氨基阿维菌素苯甲酸盐EC2000倍液、5%丁烯氟虫腈SC1500倍液、0.5%印楝素EC800倍液、5%除虫菊素EC1000倍液等。

烟青虫成虫（背面）

烟青虫成虫（腹面）

③ 甜菜夜蛾（*Spodoptera exigua*）

　　成虫昼伏夜出，有趋光性，趋化性弱。幼虫5龄，少数6龄，有假死性，受惊扰即落地。高温、干旱环境有利于甜菜夜蛾大发生。防治方法：人工摘卵及捕捉幼虫；利用其趋光性用黑光灯、频振式杀虫灯诱杀成虫。甜菜夜蛾易暴发成灾，排泄效应快，抗药性强，一定要抓住1、2龄幼虫盛期进行药剂防治。

甜菜夜蛾的幼虫

甜菜夜蛾的成虫

可选喷雾药剂有：5% 卡死克 EC4000 倍液、5% 农梦特 EC4000 倍液、20% 灭幼脲 1 号 SC500 倍液、25% 灭幼脲 3 号 SC500 倍液、40% 菊·杀 EC2000 倍液、40% 菊·马 EC2000 倍液、20% 氰戊菊酯 EC2000 倍液等。配方如：50% 高效氯氰菊酯 EC1000 倍液 +50% 辛硫磷 EC1000 倍液。

初孵幼虫为害叶片背面的症状

老龄幼虫咬食叶片，形成孔洞及缺刻

❹ 小地老虎（*Agrotis ypsilon*）

小地老虎的幼虫将幼苗茎基部咬断。防治方法：初冬翻耕晒田，杀死越冬蛹和卵；施用腐熟的有机肥；人工捕杀幼虫；用频振式杀虫灯、黑光灯诱杀成虫。将 5kg 豆饼或麦麸炒香，与 90% 晶体敌百虫 150g 或 50% 辛硫磷 EC150mL 加水拌匀，每亩用 1.5~2.5kg，于傍晚在田间每隔一定距离撒一小堆诱杀幼虫。

被小地老虎幼虫咬断茎基部的幼苗

小地老虎的卵

1~3龄幼虫抗药性差,是防治适期,可选用下列药剂浇灌茎基部土壤:40%菊·马EC2000倍液、10%氯氰菊酯EC2000倍液、20%杀灭菊酯EC2000倍液、50%辛硫磷EC1000倍液、50%杀螟硫磷EC 800倍液、50%丙溴磷EC1000倍液、25%亚胺硫磷EC800倍液、48%乐斯本EC1000、8%杀虫素EC3000倍液等。

小地老虎的幼虫

小地老虎的成虫

⑤ 大造桥虫（*Ascotis selenaria*）

　　大造桥虫的别名为尺蠖，属于间歇性暴发害虫，以幼虫食芽、叶及嫩茎，严重时能将辣椒植株食成光杆。成虫昼伏夜出，趋光性强。初孵幼虫可吐丝随风飘移传播扩散，以末代幼虫入土化蛹越冬。防治方法：用黑光灯或高压汞灯诱杀成虫。虫害发生严重时喷洒化学药剂防治，可选的药剂有：50%辛·氰EC1500

大造桥虫的低龄幼虫

大造桥虫的老龄幼虫

倍液、20％甲氰菊酯 EC1500 倍液、40％菊·马 EC2000 倍液、10¹⁰cfu/g 苏云金杆菌 WP1000 倍液、0.5% 印楝素 EC800 倍液、5% 除虫菊素 EC1000 倍液、1.8% 阿维菌素 EC3000 倍液、24% 甲氧虫酰肼 SC2500 倍液、24% 氰氟虫腙 SC1000 倍液、15% 茚虫威 EC3000 倍液、5% 甲氨基阿维菌素苯甲酸盐 WG3000 倍液等。

大造桥虫的蛹

大造桥虫的成虫

（二）昆虫纲鞘翅目

❶ 茄二十八星瓢虫（*Epilachna vigintioctopunctata*）

茄二十八星瓢虫以成虫和幼虫为害，初孵幼虫群居于叶背啃食叶肉，仅留表皮，形成许多平行半透明的细凹纹。成虫和幼虫均可将叶片吃成穿孔，还可为害嫩茎、花瓣、萼片、果实。成虫和幼虫畏光，常在叶背和其他隐蔽处活动。

叶片被食处独特的半透明凹纹

严重受害的叶片只剩大叶脉

成虫具有假死性,昼夜取食,有相互残杀和食卵、食蛹的习性。该虫生育适温为 25~28℃,适宜的相对湿度为 80%~85%,当气温下降到 18℃时即进入越冬状态。防治方法:人工捕捉;根据卵块颜色鲜艳容易被发现的特点,结合农事活动,人工摘除卵块;根据为害症状发现幼虫和成虫,将其人工消灭。喷雾药剂有:35%赛丹 EC1000 倍液、50%马拉硫磷 EC1000 倍液、50%辛硫磷 EC1000 倍液、50%二嗪农 EC1000 倍液、5%抑太保 EC2000 倍液、20%杀灭菊酯 EC2500 倍

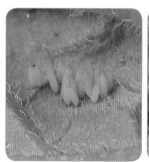

茄二十八星瓢虫的卵

茄二十八星瓢虫的低龄幼虫
(长 1.5mm)

茄二十八星瓢虫的中龄幼虫
(长 4mm)

液、25% 溴氰菊酯 EC3000 倍液、1.2% 苦·烟 EC1200 倍液、1.8% 阿维菌素 EC5000 倍液、24% 甲氧虫酰肼 SC2500 倍液、24% 氰氟虫腙 SC1000 倍液、15% 茚虫威 EC3000 倍液、5% 甲氨基阿维菌素苯甲酸盐 WG3000 倍液、20% 氟虫双酰胺 WG2500 倍液、24% 特虫肼 EC1500 倍液、10% 溴虫腈 EC3000 倍液、5% 氟虫腈 EC3000 倍液、10% 氯氰菊酯 EC1500 倍液、5% 高效氯氰菊酯 EC1500 倍液、10.8% 四氟菊酯 EC2000 倍液等。交替喷雾，主要喷于叶背面。

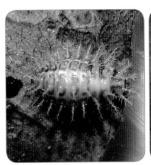
茄二十八星瓢虫的老龄幼虫
（长 7mm）

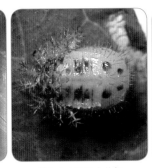
茄二十八星瓢虫的蛹
（长 6mm）

茄二十八星瓢虫的成虫

❷ 沟金针虫（*Pleonomus canaliculatus*）

沟金针虫的幼虫在土中取食刚播下的种子和幼芽，咬断幼苗茎基部，并钻到根和茎里取食进行为害。防治方法：施用腐熟厩肥，减少土中虫卵的数量；合理灌溉，土壤见干见湿，使卵不能孵化；定植初期撒毒饵诱杀，用40%毒死蜱EC1500倍液或40%辛硫磷500倍液与适量炒香的麦麸、豆饼、煮熟的谷

茎基部受害状

被钻蛀咬断的茎

子混合制成毒饵，于傍晚顺垄撒在茎基部附近，利用该虫昼伏夜出的习性将其杀死；或每亩用90%晶体敌百虫30g加水1L拌3kg饵料，拌匀后撒施，最好穴施。为害盛期选用下列药剂灌根：50%辛硫磷EC1000倍液、50%杀螟硫磷EC800倍液、50%丙溴磷EC1000倍液、25%亚胺硫磷EC800倍液、48%乐斯本EC1000倍液等。

沟金针虫的幼虫

沟金针虫的成虫

（三）昆虫纲半翅目

1 温室白粉虱（*Trialeurodes vaporariorum*）

温室白粉虱以刺吸式口器吸取汁液为害。防治方法：在棚室通风口覆盖 50 目（孔径约 0.28mm）防虫网，用黄板、频振式杀虫灯诱杀成虫。喷雾药剂有：2.5%

辣椒叶片受害状

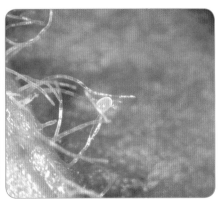

温室白粉虱的卵

溴氰菊酯 EC2000 倍液、1.8% 阿维菌素 EC2000 倍液、10% 吡虫啉 WP2000 倍液、25% 噻嗪酮 WP1500 倍液、3% 啶虫脒 EC1500 倍液、15% 哒螨灵 EC2500 倍液、25% 噻虫嗪 WG1500 倍液等。

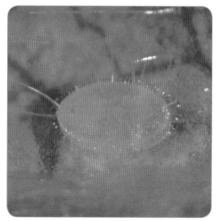

温室白粉虱的伪蛹

温室白粉虱的成虫

❷ 桃蚜（*Myzus persicae*）

桃蚜主要为害辣椒的嫩叶、嫩梢、嫩茎及生长点。防治方法：春季露地栽培时，辣椒间作玉米，在 1m 宽畦的两行之间，按 2m 株距于定植前 6~7 天点播玉米，使玉米尽快高于辣椒，起到适当遮阴、降温和防止蚜虫传毒的作用；棚室栽培时，利用蚜虫对黄色和橙色有强烈趋性的特点，用黄板诱蚜，隔 3~5m

桃蚜为害叶片

辣椒植株顶部受害叶片皱缩

远放置一块，悬挂高度始终比植株高出 10cm 左右，悬挂方向以板面朝东西方向为好，同时注意 10 天左右重新涂抹 1 次黄油或机油，以保证黄板的黏着性。

喷雾药剂有：25% 噻虫嗪 SP5000 倍液、25% 吡蚜酮 WP3000 倍液、50% 辛硫磷 EC1000 倍液、10% 吡虫啉 EC4000 倍液、3% 啶虫脒 EC3000 倍液、1.8% 阿维菌素 EC2000 倍液、50% 烯啶虫胺 WG2000 倍液、2.5% 溴氰菊酯 EC2000 倍液、20% 丁硫克百威 EC1000 倍液、40% 菊·马 EC2000 倍液、40% 菊·杀

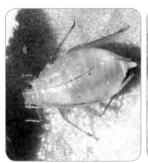
绿色无翅胎生蚜

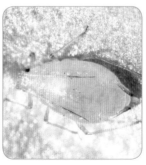
黄绿色无翅胎生蚜

洋红色无翅胎生雌蚜

EC4000 倍液、5% 顺式氯氰菊酯 EC1500 倍液、15% 哒螨灵 EC2500 倍液、4.5% 高效氯氰菊酯 EC3000 倍液、50% 抗蚜威（辟蚜雾）SP2000 倍液、20% 杀灭菊酯 EC4000 倍液、10% 二氰苯醚酯 EC5000 倍液、10% 氯氰菊酯 EC4000 倍液、10% 醚菊酯 SC2500 倍液、50% 灭蚜松 EC1500 倍液等。设施内可燃放烟剂，可用 10% 异丙威 FU，按每亩每次 300~400g 的用量，于傍晚均匀布点，点燃后密闭棚室，次日上午通风。

黑褐色无翅胎生蚜

有翅胎生蚜

黄板诱蚜

（四）昆虫纲缨翅目

❶ 棕榈蓟马（*Thrips palmi*）

棕榈蓟马以成虫和若虫锉吸嫩梢、嫩叶、花和果实的汁液。成虫怕光，多在叶背活动。成虫能飞善跳，能借助气流做远距离迁飞。1龄和2龄若虫在植株幼嫩部位穿梭活动，锉吸汁液。3龄若虫不取食，行动缓慢，落到地上，钻到3~5cm深的土层中，4龄幼虫在土中化蛹。棕榈蓟马的发育适温为15~32℃，

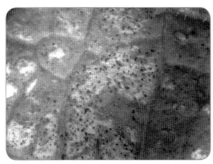
叶背不规则形受害斑

后期叶背受害部位有金属光泽

2℃时仍能生存。防治方法：利用蓟马的趋蓝性，选用普通蓝板和安装诱芯（引诱剂）的蓝板诱杀，蓝板悬挂于辣椒植株上方约 10cm 处；在棚室通风口设置防虫网，网眼密度为 50 目以上，以隔绝外来虫源。每片心叶有成虫 3~5 只时喷药防治，喷雾药剂有：2.5% 多杀霉素 SC1000 倍液、48% 多杀霉素 SC5000 倍液、6% 乙基多杀霉素 SC1000 倍液、10% 烯啶虫胺 AS1500 倍液、48% 噻虫啉 SC5000 倍液、15% 唑虫酰胺 EC1000 倍液、25% 吡蚜酮 WP5000 倍液、

受害果实表面出现木栓化斑痕

果柄受害形成锈褐色疤状伤

5% 啶虫脒 WP2500 倍液、25% 阿克泰 WG1500 倍液、2% 甲维盐 EC2000 倍液、1.8% 阿维菌素 EC5000 倍液、20% 丁硫克百威 EC1000 倍液、5% 吡虫啉 EC2000 倍液。配方有：10% 吡虫啉 WP3000 倍液 +20% 哒螨灵 WP2000 倍液 +5% 啶虫脒 WP2500 倍液；10% 吡虫啉 WP3000 倍液 +20% 哒螨灵 WP2000 倍液。

棕榈蓟马 1 龄若虫（长 0.6mm）

棕榈蓟马 4 龄幼虫（长 1mm）

雌成虫（长 1.2mm）

成虫压片（侧面）

2 **西花蓟马**（*Frankliniella occidentalis*）

　　西花蓟马以锉吸式口器取食叶、花、果的汁液。花器受害，会在花瓣上形成斑点，并能为害雌蕊、雄蕊，最终导致花器凋萎，影响坐果。该虫生存能力强，易随风飘散，也可通过衣服、工具携带传播。成虫对蓝色、黄色具有较强的趋光性，可悬挂蓝板、黄板诱集成虫，减少该虫产卵与为害。夏季休闲期进

在花器上为害的成虫

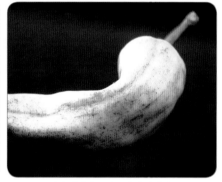
受害果实表面出现褐色点状斑

行高温闷棚，温度达到40℃保持6h以上，雌成虫、卵即全部死亡。由于该虫的繁殖能力很强，具隐匿性，有较强的抗药性，因此药剂防治效果较差。可选喷的雾药剂有：20%丁硫克百威EC2000倍液、10%吡虫啉WP3000倍液、48%乐斯本EC1000倍液、5%锐劲特SC1500倍液等。具体可参照棕榈蓟马的防治方法。

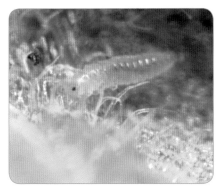 

西花蓟马2龄若虫　　　　　　　　　西花蓟马的成虫

（五）蛛形纲蜱螨目

1 **茶黄螨**（*Polyphagotarsonemus latus*）

茶黄螨喜温喜湿，发生最适温度为16~27℃，相对湿度在80%以上时卵和幼螨才能发育。该虫靠爬行、风力、农事操作传播。成螨有趋嫩性，取食部位变老时会携带雌若螨向幼嫩部位转移。防治时，重点对嫩叶、嫩茎、花器和嫩

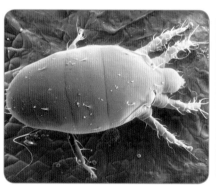

茶黄螨成虫电镜照片

受害叶片纵卷扭曲

果喷药,药剂有:5%噻螨酮EC1500倍液、15%杀螨特EC3000倍液、20%哒螨酮WP1500倍液、15%哒螨灵EC2500倍液、20%三氯杀螨醇(禁用于禁树)EC1000倍液、73%克螨特EC1000倍液、10%阿维·哒EC3000倍液、25%灭螨锰WP1000倍液、5%氰戊菊酯AS1000倍液、25%三唑锡WP2000倍液、5%唑螨酯SC3000倍液、50%溴螨酯EC2000倍液等。

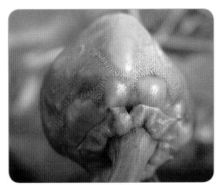

幼果受害发育受阻导致畸形

受害果实表面呈皱皮状

② 二斑叶螨（*Tetranychus urticae*）

二斑叶螨的别名为白蜘蛛，有相当强的抗药性，应在发生初期防治，严重发生时则较难控制。药剂有：20% 四螨嗪 SC2000 倍液、20% 三氯杀螨醇 EC1500 倍液、1.8% 阿维菌素 EC3000 倍液、20% 氟螨嗪 SC3000 倍液、10.5% 阿维菌素·哒螨灵 EC2000 倍液、15% 浏阳霉素 EC1500 倍液、15% 三

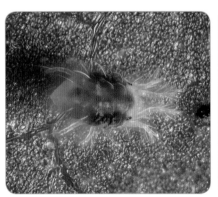

体背有黑斑的雌成螨

叶背受害变黄

唑锡 SC1200 倍液、5% 唑螨酯 SC2000 倍液、20% 哒螨灵 WP2000 倍液、2% 氟丙菊酯 EC2000 倍液、10% 喹螨醚 EC3000 倍液、24% 螨危 SC4000 倍液、50% 四螨嗪 SC5000 倍液、20% 阿维·螺螨酯 SC5000 倍液、40% 阿维·炔螨特 EC2000 倍液等。大发生时应采用淋洗式喷雾。

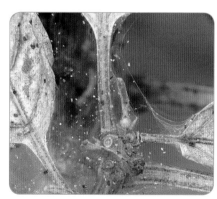

为害后期成螨吐丝结网

受害植株矮小枯死

③ 山楂叶螨（*Tetranychus viennensis*）

　　山楂叶螨的别名为红蜘蛛。喷雾防治药剂有：20%灭扫利 EC3000 倍液、50%硫黄 SC200 倍液、50%抗蚜威 WP3000 倍液、15%扫螨净 EC3000 倍液、21%灭杀毙 EC2500 倍液、20%螨卵酯（杀螨酯）WP800 倍液、50%溴螨酯 EC1000 倍液、73%克螨特 EC 3000 倍液、25%除螨酯 EC1000 倍液、40%乐杀螨 EC2000 倍液等。

在叶面为害的山楂叶螨

山楂叶螨成虫